BEI GRIN MACHT SICH IHR WISSEN BEZAHLT

- Wir veröffentlichen Ihre Hausarbeit, Bachelor- und Masterarbeit

- Ihr eigenes eBook und Buch - weltweit in allen wichtigen Shops

- Verdienen Sie an jedem Verkauf

Jetzt bei www.GRIN.com hochladen und kostenlos publizieren

Bibliografische Information der Deutschen Nationalbibliothek:

Die Deutsche Bibliothek verzeichnet diese Publikation in der Deutschen National-
bibliografie; detaillierte bibliografische Daten sind im Internet über http://dnb.d-
nb.de/ abrufbar.

Impressum:

Copyright © 2018 GRIN Verlag
Druck und Bindung: Books on Demand GmbH, Norderstedt Germany
ISBN: 9783668678507

Kevin König

Biodiversität in der Landwirtschaft. Umsetzung und Förderung von biologischer Vielfalt in Agrarlandschaften

GRIN Verlag

FAU Erlangen-Nürnberg
Lehrstuhl für Kulturgeographie und
Entwicklungsforschung
Seminar: Gesellschaft-Umwelt-Forschung
WS 2017/18

Biodiversität in der Landwirtschaft:

Umsetzung und Förderung von biologischer Vielfalt in Agrarlandschaften

Kevin König
LAGym Geo / Deu

„We should preserve every scrap of biodiversity as priceless while we learn to use it and come to understand what it means to humanity.”

(Prof. Dr. Edward O. Wilson,
amerikanischer Entomologe)

Inhaltsverzeichnis

1. Einleitung

Im gesellschaftlichen Diskurs steht gegenwärtig vor allem die Entscheidung des Konsumenten zwischen herkömmlichen oder biologisch nachhaltig angebauten Lebensmitteln. Dabei ist festzustellen, dass das ökologische Bewusstsein der Bevölkerung in Deutschland ständig zunimmt. Der Konsens besteht ferner meist darin, dass es als sinnvoll und wichtig erachtet wird, dass die Umwelt geschont und Nutztiere eine artgerechte und ethisch vertretbare Haltung erfahren. Hierbei ist es jedoch auch von Interesse einen gleichzeitig spezifischeren und übergeordneten Blickwinkel auf die Legitimation verschiedener Agrarwirtschaftsformen anzunehmen: Biodiversität. Dieser Begriff ist gegenwärtig in sämtlichen interdisziplinären Forschungen zu den Themenbereichen „Mensch und Umwelt" oder „Nachhaltigkeit und Umweltschutz" aufzufinden.

In dieser Arbeit soll es darum gehen zu untersuchen, inwiefern die Biodiversität eine Rolle bei der bisherigen Ausrichtung der agrarwirtschaftlichen Strategien gespielt hat und diese weiterhin beeinflusst. Auf Basis der Klärung des Terminus „Biodiversität" soll es zu einer Darstellung der Korrelation zwischen Landwirtschaft und biologischer Vielfalt kommen. Dabei sollen neben theoretischen Konzepten der Gesellschaft-Umwelt-Forschung auch die (agrar-)politischen Rahmen der Implementierung von Biodiversität als relevanter Faktor der Agrarwirtschaft skizziert werden. Das erkenntnisleitende Interesse ist ferner eine komprimierte Untersuchung der Berücksichtigung und Förderung von Biodiversität durch verschiedene landwirtschaftliche Nutzformen. Daraus soll es anschließend zu einer normativen Beurteilung dieser Landnutzungsformen kommen, welche neben der Biodiversität auch die praktische Umsetzung berücksichtigen soll. Hierbei ist anzumerken, dass aufgrund des begrenzten Rahmens dieser Arbeit mit Oberbegriffen wie „konventioneller-" und „ökologischer Landwirtschaft" gearbeitet wird und diese nicht in ihre spezifischeren Subformen aufgeteilt und erläutert werden.

2. Theoretischer Bezugsrahmen

Bevor die in dieser Arbeit beabsichtigte Untersuchung der Korrelation zwischen Biodiversität und Agrarwirtschaft in Bezug auf eine nachhaltige Zukunftsstrategie unternommen werden kann, ist es zunächst sinnvoll, eine kurze Sachanalyse zum Terminus Biodiversität aus (bio-) geographischer Perspektive vorzunehmen.

2.1 Definition von „Biodiversität"

Die *Biodiversität* stellt ein Akronym des Begriffes „biologische Vielfalt" bzw. dem englischen Fachterminus *biological diversity* dar. Abzuleiten ist dies etymologisch aus dem griechischem „bios" (= Leben) und dem lateinischen „diversitas" (= Verschiedenheit). Erstmals verwendet wurde dieser Begriff vom US-National Research Council, welcher sich dabei u.a. auf die

Untersuchungen des Evolutionsbiologen Edward O. Wilson stützte (WEBER 2010, S.65ff.). Da der Verwendung dieses Terminus im Laufe der Zeit immer wieder auch missverständliche Bedeutungen zugeschrieben wurden, steht der Begriff der „Artenvielfalt" oftmals im gleichen hierarchischen Kontext, obwohl diese eine spezifischere Bedeutung aufweist. Im Umweltpoltischen Kontext bezeichnet die *Convention on Biological Diversity* (CBD) die Biodiversität als *„die Variabilität unter lebenden Organismen jeglicher Herkunft, darunter unter anderem Land-, Meeres- und sonstige aquatische Ökosysteme und die ökologischen Komplexe, zu denen sie gehören"* (CBD Art.2 1992). Damit wurde eine im Kern bis heute gültige definitorische Grundlage gelegt, inwiefern man Biodiversität im wissenschaftlichen Diskurs verwenden kann. Mit dieser Definition einher geht somit die Einteilung von Biodiversität in drei Komplexitätsebenen (GLASER et. al. 2011, S.1243):

a) Genetische Vielfalt

Sämtliche individuellen Eigenschaften eines Lebwesens sind durch seine genetische Ausprägung festgelegt. Dies legt zum einen fest, welcher Art ein Individuum angehört und zum anderen welche Besonderheiten zu einer Einzigartigkeit und somit zur Abgrenzung zu anderen Artgenossen führen. Dabei ist der genetische Code keineswegs als eine starre Einheit zu verstehen, sondern kann vielmehr durch Genmutationen verändert werden, sodass modifizierte (bessere oder schlechtere) Lebensvoraussetzungen entstehen können. Auf einer weitläufigeren Ebene können sich somit auch innerhalb der Populationen, d.h. innerhalb derselben Art in einem räumlich abgegrenzten Areal, genetische Merkmale herausbilden, welche diese von anderen Populationen unterscheiden. Dazu könnte beispielsweise das Merkmal der Frosttoleranz zählen, welche einer Gruppe gegenüber der anderen einen erheblichen genetischen Vorteil verschafft, sich in einem bestimmten Territorium auszubreiten. Auch die Entstehung ganz neuer Arten ist aus dieser Kausalität zwischen genetischen Veränderungen und den Populationen zu erklären. Diesem Phänomen des genetischen Anpassungsmechanismus hat sich der Mensch u.a. bei der Nutztierhaltung oder Landwirtschaft bedient.

b) Artenvielfalt

Ein weiterhin definierter Komplexitätsbereich der Biodiversität ist die Vielfalt der Arten, d.h. Gruppen von lebenden Organismen, welche in Bezug auf Fortpflanzung eine Gemeinschaft bilden. Hierbei ist anzumerken, dass die Anzahl der bekannten Arten auf globaler Ebene in der Forschung je nach Artkonzeption anders taxiert wird: So legten die United Nations Environment Programms (UNEP) im *Global Biodiversity Assessment* 1995 etwa 1,75 Millionen Arten fest (HAMMOND 1995, S. 114). Gegenwärtig wird die Gesamtzahl der Arten auf der Erde als höher eingeschätzt, wobei man hier meistens von über 2 Millionen Arten spricht. Entscheidend dabei ist, dass eine genaue Taxierung der Arten nicht möglich ist, da es immer wieder dazu kommt, dass Arten neu beschrieben werden und viele vermeintlich einheitliche Taxa molekulargenetisch in mehrere Arten aufgetrennt werden, was sich bspw. besonders beim Bestimmen der Pilzarten in erheblichen Abweichungen bemerkbar macht (HAWKSWORTH/LÜCKING 2017, S.2).

   c) Ökosystemare Vielfalt

Beim dritten Komplexitätsbereich handelt es sich um den neuesten Erkenntniswert zur Reichweite von Biodiversität. Hierbei bezieht sich der Begriff Ökosystem auf das ökologische Wirkungsgefüge, d.h. auf die wechselseitigen Beziehungen der Organismen untereinander und parallel mit ihrer nicht belebten Umwelt in einem bestimmten Raum. Relevant für diesen Bereich sind die Unterschiede der Ökosysteme bezüglich ihrer Art und Komplexität. Deutlich wird dies, wenn man bspw. artenarme Hochmoore mit artenreicheren Wald- oder Wiesenlandschaften vergleicht: So befinden sich hierbei eine Vielzahl von unterschiedlichen Wirkungsbeziehungen, bei denen verschiedene Arten beteiligt sind und die biologisch-physikalischen Einflussfaktoren damit sehr unterschiedlich sind. Dazu gehören demnach Energie- und Nährstoffkreisläufe, wobei sich alle Ökosysteme gegenseitig beeinflussen. Hier werden oftmals auch ökosystemare Funktionen und Dienstleistungen definiert, was dazu führt, dass die gesamte Biosphäre als Teil der Biodiversität aufgefasst werden kann (GLASER et.al. 2011).

Hierbei ist jedoch anzumerken, dass es trotz einer expliziten Herausstellung der Relevanz zum Erhalt der Biodiversität seitens der Politik global noch zu keiner einheitlichen Strategie, d.h. Parametrisierung der Biodiversität gekommen ist. Um einen Arbeitsbereich, in diesem Fall die Agrarwirtschaft, unter dem Aspekt der Biodiversität beurteilen zu können, ist es dabei von besonderer Bedeutung eine definitorische Grundlage festzulegen. Konkret bedeutet dies hierbei, dass alle drei Komplexitätsebenen der Biodiversität zunächst als hierarchisch gleichwertig betrachtet werden sollten. In Deutschland ist es dabei bereits dazu gekommen, dass versucht wurde, alle drei Komplexitätsebenen beim Erstellen von Handlungsstrategien gleichwertig zu berücksichtigen (NBS 2007, S.26-29).

2.2 Biodiversität in der Landwirtschaft

Es gestaltet sich als äußerst komplex das gesamte Spektrum der Korrelation zwischen agrarwirtschaftlicher Nutzung und Biodiversität zu beschreiben. Bereits seit mehreren tausend Jahren führt die anthropogen gesteuerte landwirtschaftliche Nutzung zu einer Veränderung der natürlichen Ressourcen, wobei die Agrarwirtschaft auch schon immer von einem funktionierenden Ökosystem abhängig war. Damit es erst zu einer solchen Nutzung kommen konnte, waren fruchtbare Böden und sauberes Wasser bzw. Luft eine der Grundvoraussetzungen. Ferner hat die Bewirtschaftung der Flächen ein großes Potenzial an biologischer Vielfalt von Kulturpflanzen, Nutztieren, Lebensräumen und die daran angepassten wildlebenden Tier- und Pflanzenarten geschaffen. Somit kann man auch im historischen Kontext von einer natürlich gegebenen Abhängigkeit von Biodiversität und Landwirtschaft sprechen. Beide Bereiche wäre ohne den jeweils anderen somit entweder gar nicht (Landwirtschaft) oder in einem geringeren Maße (Biodiversität) vorhanden (SCHULZE 2014, S.27ff.).

Die Landwirtschaft wird u.a. in ökonomisch geprägten Lexika und Forschungsansätzen oft als „Urproduktion" bezeichnet, welche zum Ziel hat eine zielgerichtete Produktion pflanzlicher oder tierischer Erzeugnisse auf einer diesem Zweck ausgerichtete kulturell bewirtschaftete Landfläche zu gewährleisten. Die naturgegebenen Faktoren wie Boden, Nutztiere und Pflanzen werden dabei zusammen mit etwa Kapital und Arbeit als „Produktionsfaktoren" zusammengefasst (Vgl. GABLER-WIRTSCHAFTSLEXIKON 2016). Aufgrund dieser auf den ersten Blick einseitig erscheinenden Auffassung von Landwirtschaft beschäftigte sich u.a. besonders die Gesellschaft-Umwelt-Forschung der Geographie unter der Berücksichtigung interdisziplinärer Ergebnisse damit, ein Verständnis dieses Wirtschaftszweiges zu implementieren, welches auch die Natur ausreichend berücksichtigt bzw. würdigt. So ist besonders nach der von Bruno Latour 1995 veröffentlichten *actor network theory* ein Basiskonzept geschaffen wurden, welches Natur und Kultur in einem gleichberechtigten Einklang zu bringen ist (GLASER etc.al. 2011, S.1081ff.).

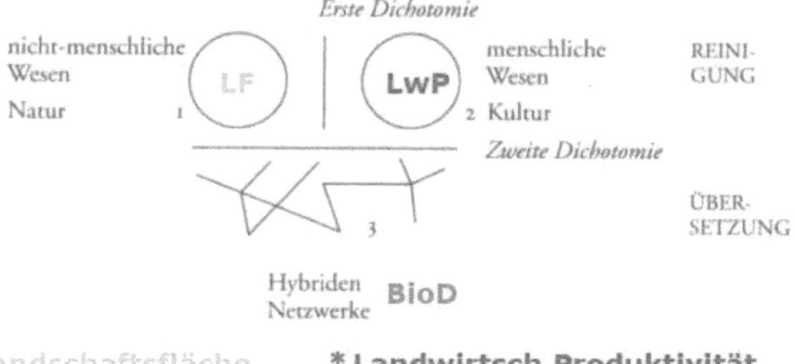

Abb.1: *actor network theory* – Reinigungs- und Übersetzungsarbeit (verändert nach Latour 1995)

Bruno Latour spricht hierbei von „Reinungsarbeit" in beiden Bereichen (Kultur und Natur), welche jeweils vonaneinder abhängig sind *(=actor)*. Ist der Einsatz kultureller Arbeit am Projekt bekannt, so lässt sich parallel automatisch der Anteil an natürlichen Faktoren bestimmten (Abb.1). Die Unterscheidung von Kultur und Natur per se wird dabei als

Konstruktion bezeichnet. Daraus entwickeln sich demnach sogenannte „hybride Netzwerke" welche sich in der „Übersetzungsarbeit" zusammenstellen (=*network*). Auf die Landwirtschaft bezogen, kann demnach anhand eines vorgegebenen Produktionsziels (u.a. Ertrag) die beteiligten naturgegeben Elemente (Agrarfläche, Pflanzen etc.) bestimmt werden und umgekehrt. Auf Modelle wie dieses gilt es somit bei der Berücksichtigung von Biodiversität in der Landwirtschaft aufzubauen.

3. Umsetzung von Biodiversitätsförderung in (post-)moderner Landwirtschaft

Bereits im Jahr 1992 wurde in der Rio-Deklaration (CBD) über Umwelt und Entwicklung festgehalten, dass eine nachhaltige Entwicklung die drei limitierenden Faktoren Ökonomie, Ökologie und soziale Bedürfnisse (Kap. 2.1) so in Einklang bringen muss, dass sowohl die Entwicklungs- als auch die Umweltbedürfnisse der heutigen sowie der zukünftigen Generationen nicht untergraben werden. Dies stand auf dem europäischen Kontinent jedoch lange in Konkurrenz zu der oftmals als „aggressiv" (vgl. WEINGÄRTNER/TRENTMANN 2011, S.71) bezeichneten Agrarpolitik der europäischen Union. Diese zielte auch als Konsequenz historisch bedeutsamer Ereignisse, wie dem zweiten Weltkrieg, zunächst darauf ab, die Bevölkerung mit besonders günstigen Nahrungsmitteln zu versorgen, bei gleichzeitiger Gewährleistung eines angemessenen Einkommens für die Landwirte. Somit kam es zunächst im Kontext der „Gemeinsamen Agrarpolitik" (GAP) zu der hier in der Arbeit bereits angesprochenen einseitigen Ausrichtung der Landwirtschaft zu Gunsten der Produktivität bzw. ökonomischen Faktoren. In den 1990er Jahren kam es anschließend zu einem Liberalisierungsprozess der GAP, bei welchen die Preisgarantien für Landwirte stetig gesenkt wurden und im Umkehrschluss produktionsabhängige Direktbeihilfen eingeführt wurden. Diese Direktbeihilfen zielten zum größten Teil auf Förderung von nachhaltig hergestellten Erzeugnisse im Kontext der ökologischen Verträglichkeit ab. Diese für die Biodiversität förderliche Entwicklung zeigt sich aktuell auch bei der Etablierung des „*Greening*" im Rahmen der GAP-Reform von 2013, welche dieses für sämtliche Landwirtschaftsformen als Voraussetzung für den Erhalt von Direktzahlungen festgelegt hat. Die Greening-Anforderungen umfassen dabei drei obligatorische Maßnahmen, welche den Erhalt und die Förderung von biologischer Artenvielfalt stärken sollen:

I.   Anbaudiversifizierung

II.   Dauerngrünland-Erhalt

III.   Flächennutzung im Umweltinteresse
       (BMEL 2017).

Damit wurde landwirtschaftsformübergreifend eine Grundlage für die vertragliche, d.h. rechtlich legitimierte Förderung von Biodiversität geschaffen, welche den finanziellen Anreiz einer ökologischen Ausrichtung des Betriebes weiter ausbauen. Somit könnte man hier auch den Begriff der postmodernen Landwirtschaft implementieren, da die „moderne" Landwirtschaft oftmals als Synonym für eine rein auf Produktivität ausgerichtete Agrarwirtschaft gebraucht wird.   Als Entwicklungsperspektive im Kontext einer Welternährung seien diese und andere Forderung jedoch ungeeignet, um der europäischen Union als einflussreichsten Faktor auf dem Weltagrarmarkt gerecht zu werden. Subventionen und Differenzierungen von Produkten auf Teilmärkten, würden die Weltagrarmärkte maßgeblich unter Druck setzen und im Zusammenspiel mit bestehenden handelspolitischen Regelungen arme Kleinbauern die Existenzgrundlage nehmen. Dies hätte Hunger und Armut in vielen Entwicklungsländern zur Folge (WEINGÄRTNER/TRENTMANN 2011, S.71-73). Somit lassen sich hierbei wiederum zwei Faktoren festmachen, welche in einer Art der Konkurrenz stehen sollen: Produktivität und Biodiversität. Hierbei stellt es eine besonders wichtige Aufgabe dar, die Barrieren dieser beiden Zielrichtungen abzuschwächen und diese beiden Faktoren in einen hierarchisch abgeflachten kausalen Zusammenhang zu bringen.

3.1 Berücksichtigung der Biodiversität in verschiedenen Landwirtschaftsformen

Dem Artenschutzreport 2015 des Bundesamt für Naturschutz ist zu entnehmen, dass *„Gefährdungsursachen aus dem Bereich der Landwirtschaft sowohl hinsichtlich der Nennungshäufigkeiten als auch bezüglich der Anzahl betroffener Arten am bedeutsamsten sind"* (BFN 2015, S.17). Auch weitere Bestandstrends sprechen für einen rapiden Rückgang der Artenvielfalt, besonders der Insekten, welche in unmittelbarer Nähe zu Agrarflächen leben:

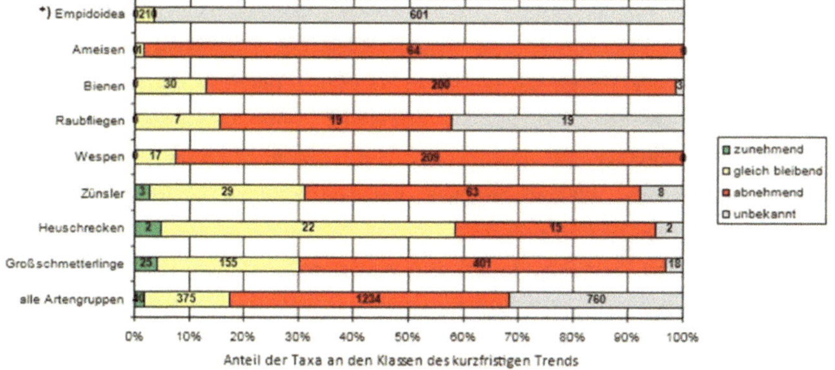

Abb.2: Rote Liste der gefährdeten wirbellosen Tiere- Bestandaufnahme (10-25 Jahre) 2011 (Quelle: BINOT-HAFKE et.al.2011)

Hierbei ist man etwa zu dem Ergebnis gekommen, dass ca. 92% der Ameisenarten rapide abnehmen (Abb.2). Der Artenschutzreport 2015 geht außerdem davon aus, dass eine der größten Einflussfaktoren auf den Artenrückgang der Individuen auf die Intensivierung in der Landwirtschaft zurückzuführen ist. Hierbei wird besonders die konventionelle Landwirtschaftsform in die Pflicht genommen. Bei Betrachtung der Flächennutzung in Deutschland stellt man fest, dass über 80% der Gesamtfläche aus Agrar- (ca. 50%) und Waldflächen (ca. 32%) bestehen (DESTATIS 2015).

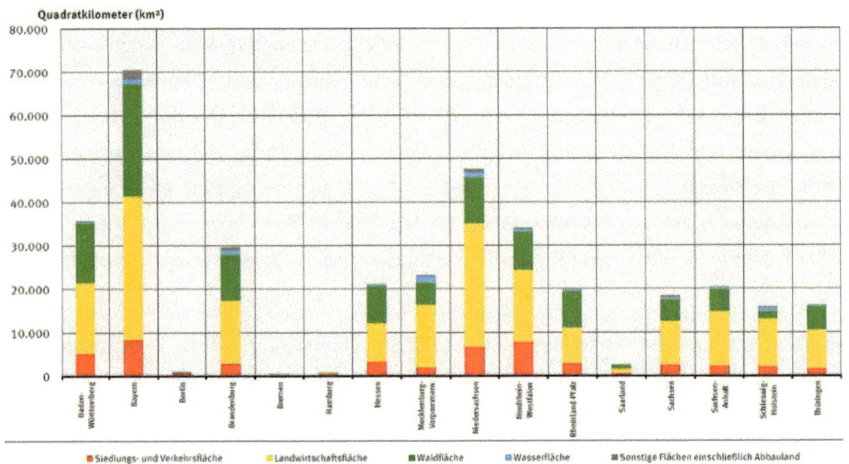

Abb.3: Flächennutzungsanteile in den Bundesländern (2015) (Quelle: Statistisches Bundesamt)

Somit könnte man oberflächlich zu dem Entschluss kommen, dass sich die Bundesrepublik durch ein besonders ökologisch geprägtes Erscheinungsbild auszeichnet, was sich auch beim Blick auf die Flächennutzung in den einzelnen Bundesländern bestätigt (Abb.3). Entscheidend ist hierbei aber nicht ausschließlich die quantitative Verteilung der Flächennutzung, sondern auch die qualitative Verteilung innerhalb der Nutzungsflächen sollte untersucht werden und in die Bewertung einer ökologisch ausgeprägten Flächennutzung berücksichtigt werden. Hierbei sollte zwischen konventioneller (produktivitätsorientierter) und ökologischer (naturverträglicher) Landwirtschaftsnutzung unterschieden werden.

Der Begriff konventionelle Landwirtschaft wird dabei oft als Gegensatz zur ökologischen Landwirtschaft benutzt. Im Vergleich zum ökologischen Landbau gibt es liberalere ökologisch ausgerichtete Richtlinien, welche die Betriebe einhalten müssen. Als zentraler Begriff gilt die „gute fachliche Praxis", die besagt, dass z.B. die Anwendung von Dünge- und Pflanzenschutzmitteln nur in Übereinstimmung mit geltendem Recht erfolgen darf. In

Deutschland wirtschaften etwa 92,7% aller Landwirte auf herkömmliche Weise (SCHULZE 2014, S.32ff.). In der konventionellen Landwirtschaft können außerdem im Pflanzenbau Kunstdünger und chemische Pflanzenschutzmittel eingesetzt werden, womit die Produktivität im Kontext der Nahrungsbereitstellung der Bevölkerung weitestgehend erreicht werden kann. Die Futtermittel müssen nicht selbst erzeugt werden, sondern können als Kraftfutter zugekauft werden. Das Vieh wird durch Spezialisierung bei der Zucht und Mast zunehmend in Großbetrieben gehalten. Die so entstehenden Überschüsse an Gülle müssen über den Nährstoffbedarf des Bodens hinaus auf die Felder ausgebracht werden, teilweise müssen für die Gülle-Entsorgung weitere Flächen angepachtet werden, was der Biodiversität ebenfalls nicht zuarbeitet, da weitere Lebensräume intensiviert und somit für viele Lebewesen unbewohnbar machen.

Die Produktion der konventionellen Landwirtschaft ist ferner fast immer großflächig und großräumig angelegt, um die konstant hohe Nachfrage nach Erzeugnisse gerecht werden zu können. Vor allem in Entwicklungsländern betreiben zahlreiche Unternehmen konventionelle Landwirtschaft, um beispielsweise Baumwolle, Kaffee, Kakao, Tee, Zuckerrohr, Kautschuk und Bananen ernten und vertreiben zu können. In den letzten Jahren ist die Bedeutung der Gentechnik größerer geworden. Durch die sogenannte Genmanipulation landwirtschaftlicher Produkte sollen sowohl die Kapazität als auch die Schädlingsresistenz vergrößert werden.

Folgen sind die Belastung der Umweltfaktoren Boden, Wasser und Luft; Verdichtung des Bodens durch schwere Maschinen, die Überdüngung des Bodens schadet den Gewässern und den Ackerrandgebieten, die viele Pflanzenarten und auch Tiere beherbergen; die Anfälligkeit der Nutzpflanzen gegenüber Krankheiten und Schädlingen, die Verringerung der Artenvielfalt (Enstehung von Monokulturen), die Belastung von pflanzlichen und tierischen Produkten mit wertmindernden Inhaltsstoffen durch Pestizide, Pestizidvergiftungen bei Landwirten, gesteigerter Energieverbrauch und damit CO_2-Emissionen. Außerdem werden z.B. Hecken und der Lebensraum vieler Tierarten vernichtet. Die Massentierhaltung bedeutet die unfreiwillige Zufuhr von Antibiotika und anderen Medikamenten für den Verbraucher. Die Belastung der Umwelt, der Einsatz von Chemikalien, das Verschwinden von Tier- und Pflanzenarten, der Gebrauch an viel Energie und vielen Rohstoffen stellen allesamt negative Einflussfaktoren für eine biologische Vielfalt in der Landwirtschaft dar. Was als großes Argument der konventionellen Landwirtschaft bleibt ist die gegenwärtig weitaus höhere Produktivität bei der Erzeugnisbereitstellung (vgl. NIGGLI 2009 S. 103-109).

Dem gegenüber steht die im Kontext der Biodiversität deutlich positiver wahrgenommene Ökologische Landwirtschaft. Dieser hat sich im Laufe der Zeit zu einem ganzheitlichen Konzept der Agrarbewirtschaftung entwickelt, welches im Einklang mit der Natur einen möglichst geschlossenen Stoffkreislauf im landwirtschaftlichen Betrieb anstrebt.

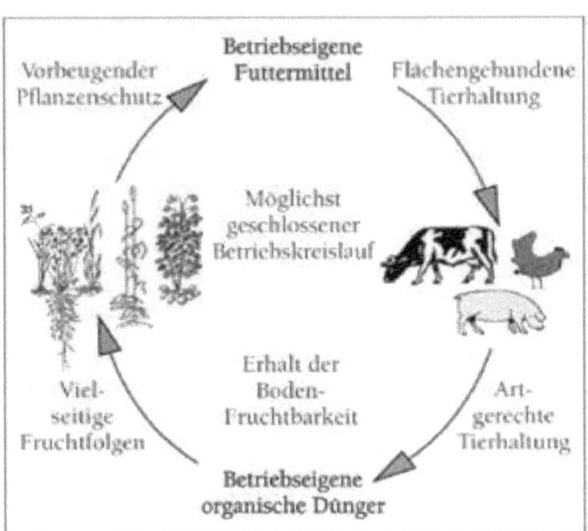

Abb.4: Geschlossener Betriebskreislauf in der Ökologischen Landwirtschaft (Quelle: Hofarchiv Eggers 2015)

Der Landwirt optimiert die Leistungsfähigkeit des landwirtschaftlichen Gesamtsystems, das vielfältige sich gegenseitig fördernde Wechselwirkungen erzeugt (Abb.4). Im Gegensatz zu anderen Anbaumethoden ist die ökologische Landwirtschaft besonders stark auf Nachhaltigkeit ausgelegt, was sich in den folgenden Umweltbereichen erkennen lässt (Vgl. BMEL 2017):

a) Bodenschutz

Ökologische Agrarmethoden fördern dabei die Humusbildung und somit die im Boden lebenden Organismen. In den Feldern und Wiesen der Landwirte sind Biomasseanteile und mikrobielle Aktivität in der Regel höher als im konventionellen Landbau. Die natürliche Bodenfruchtbarkeit steigt an und ebenfalls werden Krumenverluste durch Erosion werden weitgehend vermieden.

b) Gewässerschutz

Ökologische Agrarwirtschaft belastet das Grund- und Oberflächenwasser in der Regel weniger mit Nährstoffen, wie zum Beispiel Nitrat, als der konventionelle Landbau. Der Verzicht auf chemisch-synthetische Mittel schließt den Eintrag solcher Pflanzenschutzmittel aus. Weil die Viehhaltung an die Fläche gebunden ist, fallen meist nicht mehr Nährstoffe durch Mist und Gülle an, als den Pflanzen auf den hofeigenen Flächen problemlos zugeführt werden können.

c) Schutz der Artenvielfalt

Durch den Verzicht auf chemisch-synthetische Pflanzenschutzmittel und das niedrige Düngeniveau wird die Vielfalt des Tier- und Pflanzenlebens gefördert. Auf den Öko-

Flächen finden sich häufig mehr Arten, als auf den konventionell bewirtschafteten Flächen.

d) <u>Tierschutz</u>

Eine artgerechte Haltung der Tiere entspricht den Prinzipien des ökologischen Landbaus und wird garantiert. Den Tieren wird unter anderem genügend Auslauf gewährt. Die Haltungsbedingungen werden regelmäßig überprüft.

3.2 Fallbeispiel zum Vergleich von ökologischer und konventioneller Landwirtschaft

Diese im Kontext der Nachhaltigkeit äußerst positiv gestalteten Grundziele der Ökologischen Landwirtschaft konnten in vielen Vergleichsstudien falsifiziert werden. So Verglich eine Studie des Instituts für Biologische Landwirtschaft und Agrikultur Luxemburg (IBLA) im Jahr 2012 sowohl konventionelle, als auch biologisch bzw. ökologisch wirtschaftende Agrarbetriebe hinsichtlich ihrer ökologischen und ökonomischen Parameter. Anlass dieser Studie war der geringe Anteil an Biobetrieben in Luxemburg, sowie die Frage nach den ökologischen Leistungen und gesellschaftlichen Kosten der unterschiedlichen Landwirtschaftsformen.

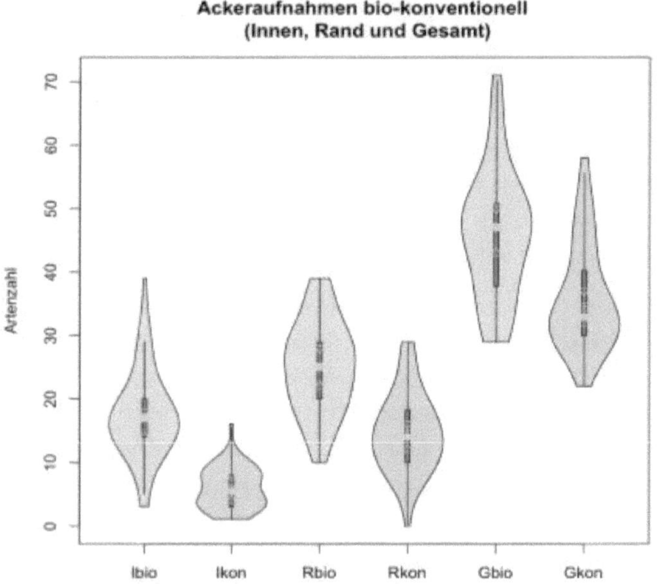

Abb. 5: Vergleich von Artenvielfalt in Ackerflächen (konventionell und biologisch) (Quelle: IBLA 2012)

Hierbei konnte zum einen die ökologische Nachhaltigkeit in Bezug auf die Artenvielfalt und schließlich allgemein der Biodiversität zugunsten des ökologischen Landbaus festgestellt werden. So betrug demnach die mittlere Artenzahl in den Ackerflächen der ökologischen Landwirtschaft 89,6 Arten gegenüber 72 Arten bei konventionell angebauter Ackerfläche (Abb.5). Auch wurde herausgefunden, dass Biobetriebe gegenüber konventionellen Betrieben wesentlich höhere Umweltleistungen aufweisen, aber keine höheren öffentlichen Zahlungen erhalten. So gibt es z.B. auf konventionellen Betrieben ein wesentlich größeres Stickstoff-Eutrophierungspotential. Die N-Effizienz auf Biobetrieben ist höher; Energiebedarf und Treibhausgasemissionen sind geringer. Auch in Bezug auf die Biodiversität auf Acker und Grünland schneiden Biobetriebe nachhaltiger ab. Trotz sogenannter „Bio-Prämie" werden dennoch keine höheren öffentlichen Mittel an Biobetriebe gezahlt (IBLA 2012, S.10-40).

4. Fazit und Ausblick

Es bleibt festzuhalten, dass sich sowohl der gesetzgebende Rahmen (politische Ebene) als auch die Auffassung der Agrarwirtschaft im Laufe der letzten Jahrzehnte in Bezug auf eine steigende Bedeutung der Biodiversität verändert haben. Dazu ist zum einen die nun deutlichere Definition von Biodiversität (Kap. 2.1), welche u.a. die Convention on Biological Diversity im Jahr 1992 statuierte, verfasst werden konnte. Auch die Einflüsse der Gesellschaft-Umwelt-Forschung haben mit Modellen wie der *actor network theory* (Kap. 2.2) dazu beigetragen, dass menschliches Handeln und naturgegebene Voraussetzungen als Einheit angesehen werden sollten und keines der beiden Faktoren zu Ungunsten des anderen Faktors berücksichtigt werden sollte. Hinzu kommt, dass die GAP der Europäischen Union spätestens seit der Reform von 2013 verstärkt (finanzielle) Anreize dafür gibt, dass auch konventionell ausgerichtete Agrarbetriebe die ökologische Nachhaltigkeit stärker in zukünftige Betriebsstrategien einfließen lassen (vgl. u.a. „Greening" Kap. 3).

Dennoch hat sich auch herauskristallisiert, dass bei vielen Organismen ein Artenrückgang festzustellen ist, welcher sich nach dem Artenschutzreport 2015 (BFN) besonders stark bei den Insekten bemerkbar macht und auf die Intensivierung der Agrarflächen zurückzuführen ist (Kap. 3.1). Die konventionelle Landwirtschaft hinkt dem ökologischen Landbau in Sachen Schutz der biologischen Vielfalt weiter hinterher. Dennoch sorgt gerade diese dafür, dass die Nachfrage nach agrarwirtschaftlichen Erträgen (u.a.Lebensmittel und Tierfutter) gedeckt werden können.

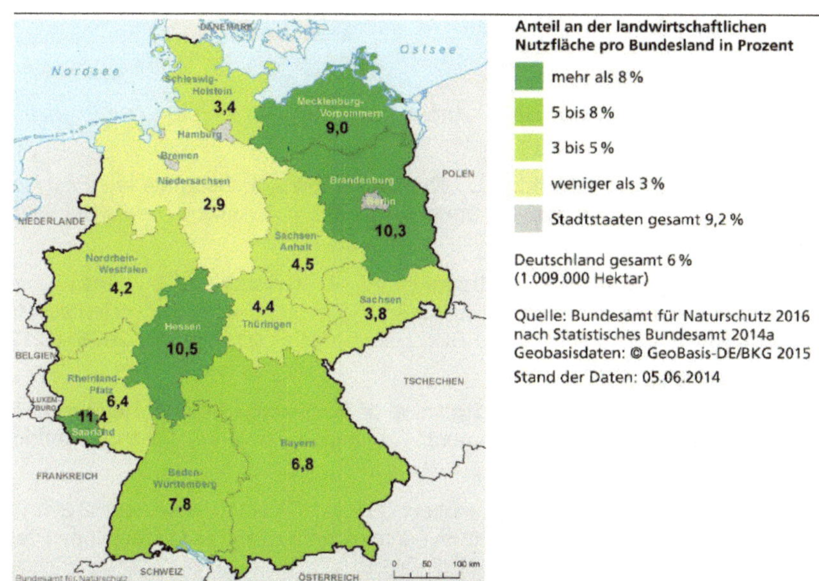

Abb.6: Anteil Ökologischer Landbau an der landwirtschaftlichen Gesamtfläche der BRD 2013 (Quelle: BFN 2015)

Auch anhand der Anteile von ökologischen Agrarflächen an der gesamten landwirtschaftlich genutzen Fläche in Deutschland (ca. 7%) wird deutlich, dass die Ökologische Landwirtschaft kein kurzfristiger Ersatz für die konventionellen Anbauformen darstellt (Abb.6). Hier wäre es im Kontext der Biodiversitätsförderung zwar wünschenswert, dass der biologische Landbau als Primäreinzugsquelle der Agrarerträge dient, jedoch muss auch der Faktor der gegenwärtigen Nachfrage berücksichtigt werden. An dieser Stelle steht eben noch die konventionelle Landwirtschaft, welche in ihrer gegenwärtigen Ausrichtung der Biodiversität weniger förderlich dient, da u.a. der Einsatz von Pestiziden zur Schädlingsbekämpfung, wenn auch kontrolliert, weiterhin durchgeführt werden. Da mit der intensiven Landwirtschaft ein generelles Verbot chemischer Pflanzenschutzmittel nicht vereinbar ist, werden Ausgleichsmaßnahmen vorgeschlagen: *„Mit Blühstreifen, Brachflächen und unbehandelten Dünnsaaten lässt sich auch in der modernen, intensiven Landwirtschaft die Artenvielfalt auf den Äckern schützen. Vieles davon ist bereits Bestandteil von den Agrarumweltprogrammen der Bundesländer[...]"* (DLG 2016). Somit gilt es im Kontext der Biodiversität den ökologischen Landbau weiter voranzutreiben und parallel die konventionelle Landwirtschaft in eine ökologische Richtung zu bringen, indem u.a. Beratungsarbeit zur Verbesserung der ökologischen Nutzung geliefert werden sollte. Biodiversität muss in zukünftigen Strategien sowohl ökologisch als auch ökonomisch Sinn ergeben, wie es die Studie der IBLA von 2012 bereits herausgearbeitet hat (Kap. 3.2).

Bundesamt für Naturschutz (BFN): *Artenschutzreport 2015 – Tiere und Pflanzen in Deutschland.* BfN, Bonn 2015. (S.13-24).

Glaser, R./ **Gebhardt**, H./ **Radtke**, U./ **Reuber**, P. (Hrsg.): *Geographie - Physische Geographie und Humangeographie.* Springer-Spektrum, 2.Auflage. Berlin/Heidelberg 2011. (S.1077-1243).

Günther, A./ **Nigmann**, U./ **Achtziger**, R. & **Gruttke**, H. : *Analyse der Gefährdungsursachen planungsrelevanter Tiergruppen in Deutschland.* Naturschutzverlag - Naturschutz und Biologische Vielfalt 21, Münster 2005. (S.123-144).

Hammond, Philip M.: *The current magnitude of biodiversity.* In: V.H. Heywood, R.T. Watson: Global Biodiversity Assessment. Cambridge University Press, Cambridge 1995. (S. 113–138).

Hawksworth, David L. / **Lücking**, Robert: *Fungal Diversity Revisited: 2.2 to 3.8 Million Species.* In Microbiloloy Spectrum – American Society for Microbiology Press. Vol.5 No.4, London/Berlin July 2017. (S.2 -24).

Niggli, Urs: *Gut fürs Klima?: Ökologische und konventionelle Landwirtschaft im Vergleich.* In: Landwirtschaft - der kritische Agrarbericht : Daten, Berichte, Hintergründe, Positionen zur Agrardebatte, 2009. (S.103-109)

Loft, Lasse: *Erhalt und Finanzierung biologischer Vielfalt - Synergien zwischen internationalem Biodiversitäts- und Klimaschutzrecht.* In: Schriftenreihe Natur und Recht, Band 12. Springer Verlag, Berlin 2014. (S.1-11).

Schulze, Eberhard: *Deutsche Agrargeschichte: 7500 Jahre Landwirtschaft in Deutschland.* 3.Auflage. Shaker-Verlag, Aachen 2014. (S.24-36).

Weber, Marcel: *Theorien und Debatten in der Biologiegeschichte.* In: Phillipp Sarasin, Marianne Sommer (Hrsg.): Evolution. Ein interdisziplinäres Handbuch. J. B. Metzler, Stuttgart/ Weimar 2010. (S. 60-71).

Weingärtner, Lioba / **Trentmann**, Claudia: *Zur Lage der Welternährung.* In: Deutsche Welthungerhilfe e.V. (Hrsg.): Handbuch Welternährung. Bpb-Verlag, Berlin 2011. (S.71-74).

<u>Internetquellen:</u>

United Nations (UN): *Convention on Biological Diversity (CBD)*. Rio de Janeiro. 1992. In: https://www.admin.ch/opc/de/classifiedcompilation/19920136/201701040000/0.451.4 3.pdf (Stand: 4. Januar 2017).

Bundesministerium für Ernährung und Landwirtschaft (BMEL): *Grundzüge der Gemeinsamen Agrarpolitik (GAP) und ihrer Umsetzung in Deutschland*. GAP-Reform 2013. In: https://www.bmel.de/DE/Landwirtschaft/Agrarpolitik/_Texte/GAP-NationaleUmsetzung.html (Stand: 1. Juli 2017).

Statistisches Bundesamt (DESTATIS): *Bodenfläche nach Art der tatsächlichen Nutzung*. Fachserie 3 Reihe 5.1 2016 In: https://www.destatis.de/DE/Publikationen/Thematisch/LandForstwirtschaft/Flaechenn utzung/Bodenflaechennutzung2030510167004.pdf;jsessionid=E298BFB8A5972B74 D4A6FCFFC2A0A6DF.InternetLive1?__blob=publicationFile (Stand: 15.11.2017).

Institut für Biologische Landwirtschaft und Agrikultur Luxemburg (IBLA): *Vergleichende ökonomisch-ökologische Analyse von biologisch und konventionell wirtschaftender Betriebe in Luxemburg*. 2012. In: http://ibla.lu/_res/uploads/2016/06/praesentation-1.pdf (18. Januar 2012).

Abb.1: http://bernardg.com/blog/latour-globalization-and-politics

Abb.2: https://www.bfn.de/fileadmin/BfN/presse/2015/Dokumente/Artenschutzreport _Download.pdf

Abb.3: http://www.umweltbundesamt.de/daten/flaeche-boden-land-oekosysteme/flaeche/struktur-der-flaechennutzung

Abb.4: http://www.hofeggersinderohe.de/Dateien/20%20Demonstrationshof.htm

Abb.5: http://ibla.lu/_res/uploads/2016/06/praesentation-1.pdf

Abb.6: http://www.bauernverband.de/16-oekologischer-landbau-580267

BEI GRIN MACHT SICH IHR WISSEN BEZAHLT

- Wir veröffentlichen Ihre Hausarbeit,
  Bachelor- und Masterarbeit

- Ihr eigenes eBook und Buch -
  weltweit in allen wichtigen Shops

- Verdienen Sie an jedem Verkauf

Jetzt bei www.GRIN.com hochladen
und kostenlos publizieren